Un manuel d'étude des oiseaux

Une description de vingt-cinq oiseaux locaux avec des options d'étude

William H. Carr

Writat

Cette édition parue en 2023

ISBN : 9789359254203

Publié par
Writat
email : info@writat.com

Selon les informations que nous détenons, ce livre est dans le domaine public.
Ce livre est la reproduction d'un ouvrage historique important. Alpha Editions utilise la meilleure technologie pour reproduire un travail historique de la même manière qu'il a été publié pour la première fois afin de préserver son caractère original. Toute marque ou numéro vu est laissé intentionnellement pour préserver sa vraie forme.

Contenu

COLLECTIONS NATURELLES EN CIRCULATION D'OISEAUX AU MUSÉE AMÉRICAIN D'HISTOIRE NATURELLE

Ce manuel d'étude des oiseaux est spécialement destiné aux enseignants et aux élèves des écoles de la ville de New York. Il est écrit principalement pour décrire les oiseaux contenus dans les collections d'études sur la nature en circulation que le Musée américain d'histoire naturelle prête aux écoles publiques. Cependant, il peut également être utilisé comme guide général pour l'étude des oiseaux. Les différents schémas d'études racontent l'histoire de différents projets qui pourraient être développés en lien avec les oiseaux. Des oiseaux typiques sont illustrés. Tout ce qui est possible dans l'histoire de la vie de chaque oiseau est donné. Les poèmes d'oiseaux peuvent être utilisés dans le cadre de l'étude de l'anglais. L'étude des oiseaux peut très bien être corrélée à l'étude de nombreux autres sujets tels que l'éducation civique, la géographie et d'autres sujets.

Le but des collections de prêt d'oiseaux et d'autres animaux au Musée américain d'histoire naturelle est de mettre entre les mains des enseignants du matériel de qualité pour l'enseignement en classe. En même temps, des données faisant autorité sont fournies avec chaque collection. Ces collections de prêts sont disponibles pour tout enseignant de n'importe quelle école du Grand New York.

Le mode d'obtention de ces collections a été rendu le plus simple possible pour les enseignants. Au moins une fois par an (en septembre), et parfois deux fois par an, une carte postale de retour est envoyée par courrier à chaque directeur d'école du système municipal . Il suffit au directeur pour obtenir les collections d'indiquer par des chiffres l'ordre dans dont il souhaite que les collections soient livrées, en signant son nom et son numéro d'école. Les messagers du Musée livreront ensuite les collections et les récupèreront, sans plus d'effort de la part des écoles. La totalité du coût de cette prestation est à la charge du Musée.

Les enseignants sont invités, dans la mesure du possible, à amener leurs cours au Musée américain d'histoire naturelle, situé sur la 77e rue et à Central Park West, afin de profiter des possibilités de poursuite d'études qui leur sont offertes. Dans les nombreuses salles d'oiseaux et d'animaux, la vie domestique et l'habitat général des créatures sont présentés en détail. Il existe un service de guide gratuit pour les enseignants et les élèves. Des cours pour les écoliers sont également organisés dans le nouveau bâtiment du service scolaire. En fait, la richesse du matériel d'étude de l'histoire naturelle est toujours là, disponible de nombreuses manières à l'usage de tous ceux qui souhaitent approfondir leurs connaissances sur les animaux du plein air.

Les candidatures pour ces collections et pour de plus amples informations doivent être adressées au Musée américain d'histoire naturelle, 77e rue et Central Park West, New York. GEORGE H. SHERWOOD , *conservateur en chef Département de l'Instruction publique*

Le Musée américain d'histoire naturelle possède cinq collections d'oiseaux à prêter aux écoles publiques. Ces cinq sont :

L'ENSEMBLE BLUEBIRD

Bluebird—Phoebe—Hirondelle rustique—Troglonome domestique—Martinet ramoneur.

L'ENSEMBLE HIBOU

Mésange—Sitelle—Bruant chanteur—Screech Owl—Roitelet.

L'ENSEMBLE ROBIN

Robin—Carouge à épaulettes—Oriole de Baltimore—Bruant chipping—Alouette des prés.

L'ENSEMBLE DU GEAI BLEU

Geai bleu—Downy Woodpecker —Starling—Junco—English Sparrow—Crossbill.

L'ENSEMBLE TANGARA ÉCARLATE

Tangara écarlate — Viréo aux yeux rouges — Chardonneret — Colibri — Pigeon.

LES AUTRES TYPES DE RECOUVREMENTS DE PRÊTS QUI
PEUVENT ÊTRE GARANTIS SONT :

Insectes – Éponges et coraux – Crustacés – Minéraux et roches – Bois indigènes – Étoiles de mer et vers – Mollusques.

SUGGESTIONS POUR LES ENSEIGNANTS

Il est parfois utile d'étudier les oiseaux par la méthode « Questions et Réponses ». Les questions suivantes sont rédigées pour en suggérer d'autres de même nature.

QU'EST-CE QU'UN OISEAU ? Un oiseau est un animal qui a des plumes. Aucun autre animal n'a de plumes.

UNE « VILLE » D'OISEAUX ÉTRANGES

Certains des points les plus brillants de l'enfance sont liés à une vague prise de conscience de la beauté et du mystère du monde.

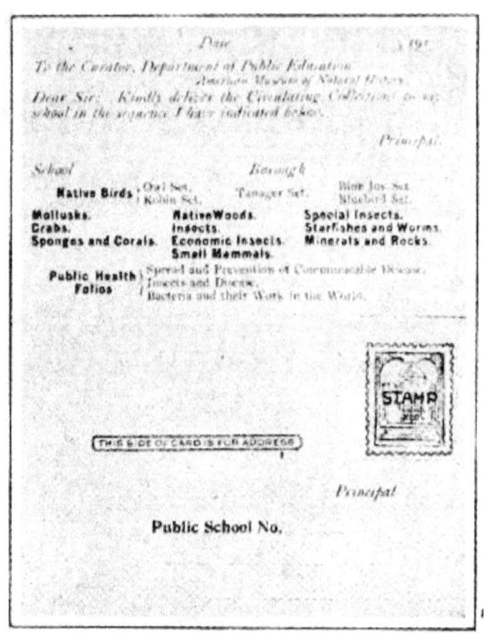

LA CARTE POSTALE DE COMMANDE

La réquisition du service a été simplifiée au nième degré. Tout ce qu'un commettant doit faire pour obtenir les collections est d'indiquer par des chiffres l'ordre dans lequel il souhaite qu'elles soient livrées.

A QUOI SERVENT LES PLUMES ? Les plumes aident à garder l'oiseau au chaud. A l'aide de plumes, l'oiseau vole.

QUELLE AUTRE CRÉATURE EST CAPABLE DE VOLER SANS L'AIDE DE PLUMES ? La chauve-souris peut voler sur des ailes à peau fine.

QUELS SONT LES NOMS DE CERTAINS OISEAUX CONNUS POUR LEUR CAPACITÉ À NAGER, VOLER, RAMPER ET MARCHER ? Le pygargue à tête blanche et le condor sont tous deux des oiseaux qui volent très bien. Pouvez-vous en nommer d'autres ? Les canards sont chez eux dans l'eau. Pouvez-vous nommer d'autres oiseaux capables de nager facilement ? La petite plante grimpante brune et de nombreux autres oiseaux sont très heureux de pouvoir ramper et grimper aux arbres. Le Poulet et la Perdrix sont tous deux d'excellents marcheurs. Nommez d'autres oiseaux qui marchent.

QUELS OISEAUX AIDENT LES ARBRES À VIVRE EN TUANT LES INSECTES NUISIBLES ? Les pics aident ainsi les arbres. Nommez d'autres oiseaux qui trouvent de la nourriture sur les troncs d'arbres.

QUE POUVONS-NOUS TENTER DE FAIRE POUR PROTÉGER LES OISEAUX ? Nous pouvons aider les oiseaux à vivre en leur fournissant des abreuvoirs et des bains d'oiseaux en été, ainsi que des tables de nourriture en hiver. Nous pouvons aider en ne nous approchant pas des nids d'oiseaux et en ne leur faisant aucun mal.

THÈMES D'ÉTUDE SUPPLÉMENTAIRES

Les oiseaux se trouvent dans presque « tous les coins de la terre ». Leur étude présente un intérêt et un attrait mondiaux . La liste suivante est destinée à aider à rappeler les sujets qui peuvent être développés à l'extérieur ou étudiés en classe.

VISION DES OISEAUX : le pouvoir de vue aigu des faucons et des aigles ; l'oeil de la chouette la nuit.

VARIATION DE LA STRUCTURE DU BEC : Adaptations du bec pointu et incurvé des buses carnivores ; le petit bec pointu de la Paruline insectivore.

VARIATION DANS LA STRUCTURE DES PIEDS : les fortes serres agrippantes des mangeurs de chair ; les puissants « pieds qui marchent » du Poulet ; les pieds perchés de la Mésange,

HABITUDES DE PROPRETÉ CHEZ LES OISEAUX : Nettoyer les nids, se baigner dans l'eau et la poussière.

UNE COLLECTION D'ÉTUDE DE LA NATURE : L'ENSEMBLE BLUEJAY

Les spécimens sont livrés à l'école dans une caisse en bois de la taille d'une valise ordinaire. Les oiseaux sont montés sur des socles individuels et peuvent facilement être retirés

du coffret. Ainsi, les spécimens peuvent être utilisés seuls ou collectivement. Ils peuvent être manipulés et vus de tous les côtés.

LE VOL DES OISEAUX : Vol puissant et soutenu du Condor ; vol fulgurant de moucherolles; suspension dans les airs, ou vol stationnaire du Colibri et de l'Épervier.

MIGRATION DES OISEAUX : voyages d'un continent à un autre, souvent sur de vastes étendues d'eau ; voyage du Pluvier doré.

DRESSAGE DE JEUNES OISEAUX PAR LEURS PARENTS : jeunes hirondelles rustiques forcées de s'envoler ; Les merles offrent de la nourriture aux petits et les incitent ainsi à quitter le nid.

LES CHANTS DES OISEAUX : les perroquets, les grives, les moineaux. Chants d'oiseaux mâles pendant la saison de reproduction, imitation et mimétisme – Catbird ; cris d'avertissement, notes d'appel.

SOINS ET ALIMENTATION DES JEUNES : différentes méthodes employées par les parents. Le Pélican, le Robin, les Hirondelles, le Flicker.

TYPES DE NIDS : construction, matériaux utilisés, emplacement du bâtiment ; nid d'Hirondelle de rivage, nid suspendu d'Oriole de Baltimore, nid de Corneille.

ARMES DE COMBAT : Éperons, ailes, becs, serres.

COLORATION PROTECTRICE : Similitude du plumage, de la couleur et des marques avec l'habitat. — la Grive des bois, la Perdrix.

NICHOIRS À OISEAUX : différents types, comment fabriqués, comment placés, comment utilisés.

CONSERVATION DES OISEAUX : méthodes de préservation dans divers États. Des lois pour se protéger.

RELATION DES OISEAUX AVEC L'AGRICULTURE : mangeurs d'insectes, mangeurs de graines, destructeurs de rongeurs.

LA PLUME D'OISEAU : Des plumes pour l'étude seront remises aux enseignants sur demande.

(Note). Ce ne sont là que quelques-uns des sujets qui pourraient très bien être pris en considération.

APERÇU DE L'ÉTUDE DES OISEAUX
(Suggestions aux enseignants et aux élèves)

En observant les oiseaux à l'extérieur ou en classe, dans le but de les étudier ou de les identifier, il y a certaines choses précises à connaître et à retenir. Le plan suivant donne quelques suggestions sur ce qu'il faut rechercher lorsqu'un oiseau est vu pour la première fois ou lorsque vous étudiez un spécimen monté ou une image en couleur.

MOUVEMENTS : voyez si le voltigeur sautille ou marche lorsqu'il est au sol. Est-ce qu'il pend la tête en bas, se déplace lentement ou rapidement, nage ou rampe ? N'oubliez pas qu'un même oiseau peut avoir une apparence différente à différents moments.

DISPOSITION : Avez-vous déjà pensé à un oiseau en relation avec son caractère ? Remarquez s'il est insoupçonnable, méfiant, social, solitaire, etc.

VOL : L'oiseau qui vole au-dessus de votre tête se déplace-t-il rapidement ou lentement ? Est-ce qu'il bat ou est-ce qu'il navigue et s'envole ? Peut-être qu'il ondule (vole vers le haut puis vers le bas selon des courbes en demi-lune) comme le fait le Chardonneret.

CHANSON : Il arrive souvent que vous entendiez un oiseau mais ne le voyiez pas. Vous devez donc écouter les chansons très attentivement. Remarquez si le chant est continu, court, fort, grave, agréable, peu attrayant et s'il vient du sol, d'un perchoir plus élevé ou des airs.

NOTES D'APPEL : presque tous les oiseaux ont une NOTE D'APPEL différente du chant habituel. Ces notes peuvent être de diverses sortes telles que des réprimandes, des avertissements, des alarmes, des signalisations , ainsi qu'un certain nombre d'autres.

TAILLE : Sur le terrain, vous ne pouvez pas courir vers un oiseau sauvage et le mesurer avec une règle, mais ce que vous pouvez faire, c'est comparer sa taille avec celle d'un autre oiseau que vous connaissez. Comparez l'oiseau inconnu avec un moineau anglais qui mesure environ 6 pouces de long, un rouge-gorge d'environ 10 pouces et un corbeau de 19 pouces de long. Rappelez-vous, 6, 10 et 19.

FORME : Notez la forme du bec, la longueur de la queue, la forme
des ailes.

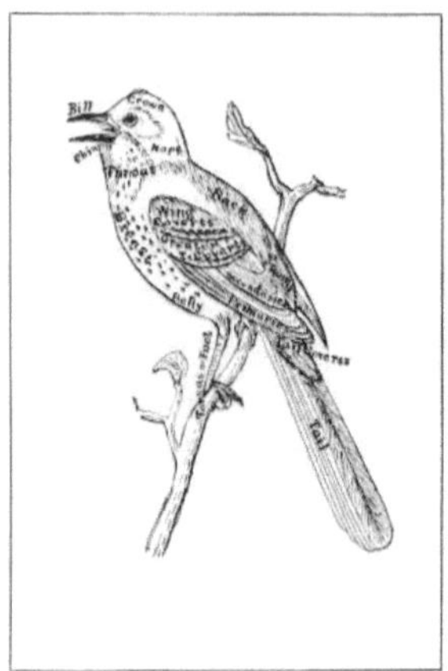

Oiseau avec parties étiquetées

« DES OISEAUX QUI SONT NOS AMIS »

Une des nouvelles collections d'étude de la nature en
circulation du «Groupe Habitat». Les porte-étiquettes sont
articulés au dos du boîtier et se ferment sur les extrémités,
protégeant ainsi le verre pendant le transport. L'étiquette de
gauche est générale et donne les raisons pour lesquelles les
oiseaux sont nos amis. Celui de droite traite des habitudes
et de l'utilisation des oiseaux spécifiques dans le cas,

chacun étant identifié par un simple dessin plutôt que par un titre ou un numéro.

MARQUAGES ET COULEUR : voyez exactement où se trouvent les marquages. N'oubliez pas que si un oiseau était vu sans plumes, il ressemblerait un peu à n'importe quel autre animal. La prochaine fois que vous aurez un poulet après avoir retiré les plumes, regardez-le attentivement. Les ailes ressemblent à des bras et, en fait, elles ont trois « doigts » qui peuvent être facilement vus. L'oiseau a une couronne sur la tête ; il a des « joues », une poitrine, une gorge, un ventre et une croupe ainsi que d'autres parties externes ou extérieures. Ne dites pas que vous avez vu un oiseau « noir, blanc et brun partout ». Personne ne pouvait vous dire de quelle sorte d'oiseau il s'agissait. *Voyez* – exactement ce que vous regardez. Comme pour les MARQUAGES , vous devez connaître un peu les parties d'un oiseau avant de pouvoir déterminer exactement où apparaissent les couleurs. Combien de couleurs y a- t-il sous le Robin ?

ASPECT : L'oiseau peut être alerte, bien éveillé ou pensif comme s'il venait de perdre un ami. Sa queue peut être tombante, sa crête dressée ou ses plumes ébouriffées.

HAUNTS : Où avez-vous vu l'oiseau ? Était-ce près du bord de la mer, au bord de la rivière, dans les bois, dans les champs, dans un endroit où la terre était basse et marécageuse ou haute et rocheuse, ou était-ce près du bord du lac ?

SAISON : La période de l'année à laquelle l'oiseau est observé est une chose très importante à remarquer et à prendre en considération. Recherchez les heures où les oiseaux arrivent pour la première fois et quand ils partent. Les avez-vous vus en hiver, au printemps, en été ou en automne ? Sont-ils des résidents permanents ?

NOURRITURE : lorsque vous vous promeniez dans les pâturages ou dans le parc et que vous voyiez un oiseau manger quelque chose, vous êtes-vous arrêté et avez-vous essayé de découvrir quelle était cette nourriture ? L'oiseau mangeait-il des baies, des insectes, des graines ? Comment cette nourriture a-t-elle été sécurisée ?

ACCOUPLEMENT : Chaque oiseau a certaines habitudes de parade nuptiale. Notez ces pitreries.

NIDIFICATION : Observez le choix du site de nidification, les matériaux utilisés dans les nids, comme la boue, l'herbe, les feuilles, etc. Remarquez la construction, le nombre et la couleur des œufs ; et la période d'incubation, ou le temps que mettent les œufs à éclore ; et surtout, *ne dérangez en aucune façon les nids d'oiseaux* .

LES JEUNES : observez et apprenez quelle nourriture les jeunes reçoivent des parents ; comment ils sont soignés ; le temps qu'ils restent dans le nid ; leurs cris, leurs actions, leurs premiers vols, etc.

COMMENT TROUVER DES OISEAUX :

(a) — *Quand* — Les meilleurs moments de la journée sont tôt le matin et en fin d'après-midi. Pourquoi est-ce vrai ?

(b)— *Où* —Une prairie arrosée avec des arbres ici et là attire les oiseaux. Apprenez cela par l'observation.

(c)— *Comment* — Faites preuve de bon sens en ce qui concerne la tenue vestimentaire et les actions générales. Asseyez-vous et laissez les oiseaux venir à vous.

Basé sur « La biographie d'un oiseau » du Dr Frank M. Chapman, p. 73— BIRD LIFE , publié par D. Appleton & Co., New York.

L'OISEAU BLEU

Dans cette localité, certains oiseaux bleus sont avec nous toute l'année. Cependant, on ne les voit pas aussi souvent en hiver que pendant les mois d'été plus chauds. Les étourneaux et les moineaux anglais les ont chassés de nombreux anciens sites de nidification.

ALIMENTATION : L'oiseau bleu se nourrit de nombreux insectes, notamment des coléoptères, des sauterelles et différentes sortes de chenilles. Il se nourrit aussi souvent de fruits tels que les baies de cèdre, les cerises sauvages et celles d'autres plantes sauvages.

BILL : Le bec de cet oiseau ressemble beaucoup à celui du merle et des grives. Ces oiseaux sont très étroitement apparentés.

PIEDS : Étant un oiseau percheur typique, le Bluebird a des pieds très bien développés . L'orteil postérieur est plus grand que n'importe lequel des doigts antérieurs et est d'une grande utilité pour saisir une brindille ou une branche plus grosse.

NID : Lorsque l'oiseau bleu a trouvé son compagnon, le couple commence sa recherche d'un foyer. Il peut s'agir d'un arbre creux, d'un poteau de clôture ou d'une boîte construite par une main amie. Dans le trou de nidification, un lit d'herbe séchée est constitué. Cinq ou six œufs bleu pâle sont pondus et la nouvelle famille est alors en bonne voie.

CHANT : Le chant de l'oiseau bleu, bien que peu long, est très doux et sucré. Il a un ton musical et est l'une des plus belles voix d'oiseaux du début du printemps. Les notes sont quelque peu instables et ont un caractère tendre et plaintif.

John Burroughs a dit du Bluebird :

« Et ce Bluebird, avec la poitrine teintée de terre et le dos teinté de ciel, est-il descendu du ciel en ce beau matin de mars lorsqu'il nous a dit si doucement et si plaintivement que, si nous le voulions, le printemps était arrivé ? »

William Cullen Bryant a écrit :

« Quand les bourgeons de hêtre commencent à gonfler,

Et les bois connaissent le gazouillis de l'oiseau bleu ,

La modeste clochette de la violette jaune

Des aperçus des feuilles de l'année dernière ci-dessous.

Et Lowell :—

"Déplaçant sa légère charge de chanson,
De poste en poste le long de la triste clôture.

Le Bluebird—7 pouces

LA PHÉBÉ

Vers la fin du mois de mars, Phoebe, paisible et confiante, s'aventure vers le nord. Parfois, la glace et la neige accueillent le petit oiseau, mais il continue à prendre le temps comme il vient. Le voyage de retour vers l'extrême sud ne commence que lorsque les premières nuits glaciales de septembre racontent l'hiver qui approche.

NOURRITURE : Au moment de l'arrivée de Phoebe, certains des premiers insectes volants essayent leurs ailes. Comme le Phoebe est un moucherolle, on peut le voir se précipiter et se retourner à la poursuite de sa nourriture. Le claquement de son bec peut être entendu lorsqu'une petite créature est rattrapée et avalée. Les coléoptères, charançons, mouches, sauterelles et autres insectes aident à nourrir cet oiseau.

BILL : Le bec du Phoebe est admirablement adapté à ses habitudes alimentaires. Cette plume est assez large et solide. De chaque côté se trouvent de petites « soies » qui aident l'oiseau à se nourrir pendant le vol. Comment ces « poils » aident-ils ?

AILES et QUEUE : La Phoebe est une experte du domaine aérien. Ses ailes et sa queue sont relativement longues et puissantes. Comparez-les avec ceux du Wren. Lequel des deux est le meilleur pilote ? Pourquoi?

CHANSON : Au repos et en surveillant les insectes, le Phoebe se perche souvent au bout d'une branche ou d'un poteau de clôture et chante : « *pewit-phoebe-phoebe-phoebe* ». En même temps, il bouge sa queue avec un mouvement latéral, de manière saccadée. Il n'est pas vraiment chanteur, mais quand le son « *phoebe-phoebe* » nous arrive en mars ou début avril, on sait que le printemps sera bientôt là.

NID : Le nid de la Phoebe est bien construit avec de la boue, de la mousse et d'autres matériaux. Il est parfois doublé de laine et de plumes. La structure est placée sur une surface plane, comme sur un chevron sous un pont ou dans une grange. Parfois, le nid est construit sous un talus ou une falaise abritant le nid. Les œufs sont généralement blancs.

À propos de Phoebe, Lowell a écrit :

"Phoebe est tout ce qu'elle a à dire,

En cadence plaintive, o'er et o'er

Comme des enfants qui ont perdu leur chemin

Et je connais leurs noms, mais rien de plus.

Le Phoebe, un Moucherolle—7 pouces

L'hirondelle rustique

Les Hirondelles rustiques arrivent dans le Nord vers la fin avril et repartent début septembre. Ce sont des oiseaux sociables et voyagent en grands groupes.

ALIMENTATION : Les insectes, capturés en vol, constituent le régime alimentaire de ces hirondelles. Ils s'élancent ici et là, au-dessus des champs et de l'eau, attrapant leurs proies dans un vol rapide et gracieux.

PIEDS : Souvent, pendant la saison de migration, des milliers d'hirondelles se perchent sur les fils téléphoniques, parfois en si grand nombre que les fils sont cassés. Leurs petits pieds sont bien adaptés pour cela, mais pas pour marcher sur le sol.

QUEUE : La queue de l'Hirondelle rustique est profondément fourchue. Lorsqu'elles sont perchées, ces longues plumes extérieures saillantes de la queue servent à distinguer l'hirondelle rustique de toutes les autres hirondelles indigènes.

CHANT : Le doux gazouillis de l'hirondelle rustique est un son familier dans de nombreuses fermes où une vieille grange ou une autre dépendance peut fournir un site de nidification. C'est un son musical qui se transforme en « *kit-tic-kit-tic* » lorsque l'oiseau s'excite.

NID : Le nid en forme de coupe de l'Hirondelle rustique est fait de boue et tapissé d'herbe et de plumes. Il est collé sur le côté d'un chevron ou d'une poutre ou contre l'intérieur du bardage d'une vieille grange où une vitre cassée ou un autre trou laisse passer l'oiseau de l'extérieur. Les œufs sont blancs, tachetés de brun et de lavande.

L'hirondelle arborescente

Les hirondelles bicolores nichent aussi bien dans les arbres creux que dans les nichoirs que l'homme a érigés à leur intention. Les parties supérieures de cet oiseau sont de couleur bleu-vert tandis que les parties inférieures sont d'un blanc pur. En se dirigeant vers le sud, ils se rassemblent en grands groupes et, après avoir volé haut dans les airs, ils commencent leur voyage de jour. À Long Beach, Long Island, des milliers d'entre eux ont été observés se nourrissant des buissons de baies juste avant de partir vers le sud.

1. Violet Martin
brillant bleu-noir ; ailes et queue plus ternes
2. Hirondelle
avant-toit ou à front blanc Dos et calotte bleu acier, front
blanc crème, gorge et côtés de la tête châtain, poitrine gris
brunâtre, partie inférieure blanchâtre
3. Hirondelle des bancs
Parties supérieures et bande de la poitrine gris brunâtre,
gorge et parties inférieures blanches
4. Hirondelle
rustique Parties inférieures bleu foncé, front, gorge et
poitrine brun rougeâtre
5. Hirondelle bicolore
Parties supérieures bleu foncé ou vertes, gorge et parties
inférieures blanches

LE WREN DE LA MAISON

Un jour , à la fin du mois d'avril, le Troglodyte familier semblera s'ajouter à la population croissante d'oiseaux. Il ne partira qu'à la mi-août ou à la fin septembre. Il est le plus commun de nos Troglodytes.

ALIMENTATION : Quatre-vingt-dix-huit pour cent de la nourriture de ce petit oiseau est constituée d'insectes.

ACTIONS : Ces petits oiseaux sont très agités. Ils semblent ne jamais s'arrêter. De l'aube à la nuit, ils se balancent, sautillent et s'inclinent avec une énergie infatigable. La queue raide, constamment secouée, est généralement dans une position verticale et guillerette et constitue une véritable marque de la personnalité du Troglodyte.

CHANSON : The House Wren est plus connu pour la quantité de sa chanson que pour la qualité. Bien que certaines parties de son chant soient douces et musicales, il y a d'autres moments où des grondements et des notes grinçantes gâchent la performance. Chantant constamment, le Wren vaque à son travail. Même lorsqu'il vole ou se perche avec un ver dans le bec, il chante comme si les pensées de simple nourriture étaient loin de son esprit. Le vrai chant est un éclat spontané et joyeux, et il est chanté avec un véritable abandon qui fait trembler le petit corps à plumes sous la force de son effort.

NID : Le nid du Troglodyte domestique est construit dans une cavité naturelle ou artificielle. S'il n'y a pas d'arbre creux, un avant-toit fera l'affaire, à condition qu'un moineau anglais ne l'ait pas trouvé au préalable. On sait même que les troglodytes construisent leurs nids dans de vieilles chaussures ! Le matériau utilisé est constitué d'herbe et de brindilles courtes, de plumes et autres matériaux similaires. Les œufs, parfois au nombre de huit, sont densément tachetés de brun rosé.

VOL : Le vol du Troglodyte est très irrégulier. Il file ici et là avec beaucoup de vitesse. Bien qu'il ne vole pas très bien, l'oiseau se déplace dans de nombreux endroits que les oiseaux plus grands ne pourraient jamais parcourir.

Le troglodyte domestique – 4¾ pouces

LE RAPIDE DE CHEMINÉE

Le Martinet ramoneur, qui n'a aucun lien de parenté avec les Hirondelles, est observé dans le Nord vers la fin avril ou au début mai. Depuis les dernières semaines d'août jusqu'à la fin septembre, on peut observer des troupeaux se dirigeant vers le sud, puis l'oiseau nous quitte jusqu'au retour du printemps.

ALIMENTATION : Les Martinets se nourrissent entièrement en vol. Ils mangent de petits insectes volants de toutes sortes, les attrapant principalement tôt le matin et en fin d'après-midi.

PIEDS : Le Swift se pose rarement sur un objet à sommet plat. Son lieu de perchage caractéristique se trouve sur un arbre ou une cheminée à surface rugueuse où les petites pattes faibles s'accrochent au mur et maintiennent l'oiseau en position verticale.

QUEUE : La queue du Martinet ramoneur est utilisée comme accessoire pour aider l'oiseau à se maintenir fermement aux surfaces verticales. Les plumes de cet accessoire en forme d'éventail ont une pointe vertébrale.

AILES ET CORPS : Le corps du Swift est « en forme de cigare ». Les ailes sont fines mais puissantes et possèdent de longues plumes extérieures qui l'aident à voler pendant des heures.

CHANSON : Le Martinet ramoneur n'a pas de véritable chant. Ses efforts de chant aboutissent à un « *chip-chip-chip* » répété encore et encore, avec un rythme semblable à celui d'un gazouillement, sonnant parfois « *chippy-chippy-chippy-chip* ».

NID : Le nid de cet oiseau est une structure inhabituelle constituée de brindilles collées ensemble avec sa salive gluante. Il forme une plate-forme peu profonde en forme de soucoupe dans laquelle sont pondus les petits œufs blancs. Avant que les cheminées artificielles n'offrent des sites de nidification, les Martinets construisaient dans des arbres creux.

Martinet ramoneur : 5½ pouces

LA MÉSANGE

Les mésanges amicales, parfois curieuses, nous accompagnent tout au long de l'année. Toujours actifs, ils volent ici et là à la recherche de nourriture et lancent leurs joyeux appels.

BEC : Le bec en forme de pince de ce petit oiseau est très bien adapté à la capture et à la consommation de petits insectes et de leurs œufs.

HABITUDES : Les mésanges ne sont jamais étrangères à celui qui marche à leur vue ou à leur portée. Ils volent très près et sont même connus pour se percher sur la main de différents ornithologues amateurs qui ont suffisamment gagné leur confiance. Les couleurs grises et noires de ces petites boules de plumes s'accordent avec les troncs et branches d'arbres sur lesquels grimpent et se suspendent les Mésanges à la recherche de nourriture.

CHANSON : La mésange dit son propre nom lorsqu'elle chante. Ella G. Ives a déclaré :

« Je connais un petit ministre qui a un grand diplôme ;

Tout comme un cerf-volant à longue queue, il fait voler son DDDD"

« Mésange-dee-dee ! » C'est la musique qui vient de ce petit gymnaste des branches. Parfois, une note d'appel « Phoebe » est également émise. Il est assez simple d'imiter cette note en sifflant. Si vous le faites correctement, la mésange peut répondre.

NID : Une vieille souche creuse ou un poteau de clôture est souvent choisi par la mésange pour sa maison. Le nid à l'intérieur est constitué de mousse, de fibres végétales, d'herbes et de plumes. De cinq à neuf œufs sont pondus. Ils sont de couleur blanche tachetée de brun vermeil.

Ralph Waldo Emerson admirait la mésange qui bravait le froid de l'hiver et semblait si heureuse même par temps très froid. Il a écrit ceci à propos du petit oiseau :

"Ce morceau de valeur juste pour jouer

Devant le vent du nord en gilet gris,

Comme pour faire honte à mon faible comportement.

Le Chick-a-dee—5¼ pouces

LA SITTELLE À POITRINE BLANCHE

La sittelle fait partie des oiseaux des troncs d'arbres qui, en hiver, sont des amis proches des mésanges et des pics mineurs. Il est avec nous toute l'année. Certaines personnes l'ont surnommé « l'oiseau à l'envers » en raison du fait qu'il est capable de monter et descendre les troncs d'arbres dans presque toutes les positions imaginables.

NOURRITURE : La nourriture de la Sittelle se compose de petits insectes qui vivent sous et sur l'écorce des arbres. Le petit bec pointu et pointu est bien adapté pour retirer des sections d'écorce lâche qui peuvent abriter des œufs, des larves ou des pupes d'insectes cachés pendant les mois froids.

HABITUDES : Edith M. Thomas a écrit un petit poème sur la sittelle. C'est une bonne description des pouvoirs acrobatiques de ces petits oiseaux gris des bois.

"Astucieux petit hanteur de bois tout gris,

Que j'ai rencontré lors de ma promenade un jour d'hiver...

Vous êtes occupé à inspecter chaque recoin et chaque trou

Dans l'écorce déchiquetée d'un fût de caryer ;

Vous êtes concentré sur votre tâche et moi sur la loi

De ta merveilleuse tête et de ta griffe de gymnastique !

« Le Pic pourrait bien désespérer de cet exploit...

Seule la mouche avec vous peut rivaliser !

Tout est clair ; mais j'aimerais savoir

Comment pouvez-vous partir de manière si imprudente et intrépide,

Tête vers le haut, tête vers le bas, tout un pour toi,

Zénith et nadir, c'est la même chose à votre avis.

NID : Le nid de la sittelle est situé dans un trou dans un arbre ou une souche. Il est tapissé de plumes, de feuilles et d'autres matériaux similaires. Les œufs blancs sont densément tachetés de couleur roux et lavande. De cinq à huit œufs sont pondus.

CHANSON: Quelqu'un a décrit le chant de cet oiseau comme étant semblable au rire d'un très vieil homme. Alors que la sittelle s'arrête dans son travail pour vous inspecter, elle peut soudainement décider que vous n'êtes plus digne de son attention. Avec un petit « Yank-Yank » dur, il poursuivra alors sa chasse aux insectes et vous laissera émerveillé par ses actions.

La sittelle à poitrine blanche : 6 pouces

LE MOINEAU CHANTEUR

Le Bruant chanteur fait partie d'une très grande famille. Ses proches parents se trouvent dans de nombreuses régions de la terre. En hiver, en automne et au printemps, il est avec nous pour représenter son espèce, et il est un excellent représentant, avec sa bonne humeur et son chant toujours prêt.

MARQUES DE TERRAIN : La ligne rouge-brun derrière l'œil du Bruant chanteur, combinée à la petite tache noire et brune qui striée sur sa poitrine sont deux marques permettant d'identifier l'oiseau. La plus grande tache de couleur sur la poitrine se trouve au centre de la « touche ».

CHANSON : Ce moineau est un musicien d'une grande capacité. La note d'appel n'est qu'un « *éclat* » métallique. Le chant de retour mérite l'attention de tous ceux qui aiment entendre de la bonne musique en plein air. Il n'y a pas de chanson unique mais plutôt une combinaison de chansons qui varient de temps en temps. Le début de la chanson est généralement composé de trois notes d'introduction soutenues. Les notes suivantes montent en succession rapide et sont d'une pure qualité musicale. La variété est une mélodie simple et joyeuse.

NID : Le nid du Bruant chanteur est construit soit au sol, soit dans les buissons. Il est composé d'herbes grossières, de radicelles, de feuilles mortes, de bandes d'écorce et de matériaux similaires. Les œufs, au nombre de quatre ou cinq, sont d'un blanc bleuâtre avec des marques brunâtres souvent si nombreuses qu'elles cachent la couleur sous-jacente.

ALIMENTATION : Le régime alimentaire du Bruant chanteur se compose en grande partie de graines de mauvaises herbes nuisibles. Il se nourrit également d'insectes tels que les fourmis, les coléoptères et les charançons. Le bec de ce moineau est relativement grand et fort. Il est bien adapté pour ouvrir de grosses gousses afin d'atteindre et de manger le grain qu'il contient.

Henry Van Dyke a écrit un petit poème sur le moineau chanteur. La première strophe du poème, tirée de « Builders and Other Poems » est donnée ici :

Il y a un oiseau que je connais si bien,

On dirait qu'il a dû chanter

À côté de mon berceau quand j'étais jeune ;

Avant de savoir comment épeler

Le nom même du plus petit oiseau,

J'ai entendu sa chanson douce et joyeuse.

Maintenant, vois si tu peux le dire, ma chère,

Quel oiseau c'est que chaque année,

Chante « Doux-doux-doux, très joyeuse joie. »

Le moineau chanteur - 6¼ pouces

CHOUETTE

Ce petit résident permanent est assez courant dans les quartiers périphériques des villes. Il semble se soucier de la société des hommes. Très souvent, on le trouve à proximité des habitations humaines plutôt que loin dans les bois. La raison pour laquelle nous devrions appeler cet oiseau le « Screech Owl » reste un mystère. La Chouette a une voix tremblante et chevrotante qui ne suggère en aucun cas un « cri ». C'est peut-être parce que ce nom nous est venu d'Europe. En tout cas, cela ne convient pas à notre petite Chouette.

NOURRITURE : Parfois, lors de promenades à l'extérieur, nous pouvons tomber sur de petites boulettes de couleur grise constituées de cheveux et de minuscules os. Très souvent, celles-ci ont été éjectées par le Petit-duc, qui est capable de digérer la chair de sa proie mais pas le squelette et l'enveloppe extérieure. Ce volant nocturne bénéfique se nourrit de souris et d'autres créatures. Son bec pointu et crochu est adapté pour déchirer la nourriture et ses petites serres plutôt longues et pointues sont d'une grande utilité pour la saisir.

COULEUR : Il existe deux phases de couleur du Petit-duc. L'une est un mélange de brun rougeâtre tacheté, et l'autre une teinte gris brunâtre teintée de noir. Ces deux phases n'ont rien à voir ni avec le sexe, ni avec l'âge, ni avec la saison.

« OREILLES : » Les deux petites touffes, une de chaque côté de la tête, ne sont pas du tout des oreilles. Ce ne sont que des plumes. Ils pourraient bien servir à distinguer cet oiseau de la Petite Chouette acadienne ou Petite Nyctale qui n'est pas du tout commune.

NID : Le nid du Petit-duc maculé est souvent placé dans un trou dans un arbre creux. Les œufs d'un blanc pur, au nombre de cinq ou six, sont pondus en avril.

Quand vient la nuit, l'Engoulevent-poor-will chante,

La Chouette s'envole sur des ailes silencieuses

Rechercher des souris et d'autres choses ;

Et je rentre me coucher.

Hibou hurleur

LES ROITEAUX

Il existe deux variétés de roitelets dans cette partie du pays, le roitelet à couronne dorée et le roitelet à couronne rubis. Les deux membres de la famille sont de magnifiques petits oiseaux qui nous rendent visite en automne et repartent au printemps. Ils ne sont pas avec nous pendant les mois les plus chauds. Durant la période la plus froide de l'année, ces petits vagabonds agités parmi les arbres peuvent être vus et entendus. À l'exception du Colibri et du Troglodyte hivernal, les Roitelets sont les plus petits oiseaux que nous ayons.

LE ROITELET À COURONNE RUBIS

L'oiseau mâle peut être identifié par la petite crête rouge en partie cachée que l'oiseau soulève souvent.

LE ROITELET À COURONNE DORÉE

Un écusson d'or marque ce cousin du Rubis à couronne. Souvent, aucune couleur n'est visible sur la tête, à l'exception de la teinte uniforme olive ou verdâtre. Cependant, lorsque l'oiseau est excité, la crête se relève et c'est alors que la couleur de la couronne peut être très bien visible.

HABITUDES : Les Roitelets sont des oiseaux amicaux qui s'approchent souvent très près . Ils semblent beaucoup plus apprivoisés que les parulines.

ALIMENTATION : Une recherche constante de minuscules insectes occupe le temps des Roitelets.

CHANSON : La Couronne de Rubis est la chanteuse supérieure des deux. Son chant consiste en un gazouillis fort et clair, interrompu ici et là par un bavardage semblable à celui d'un troglodyte. Le chant de la Couronne d'Or peut être exprimé par « tzze , tzze , tzze , tzze , ti , ti , tir , ttt- ». La note d'appel est un « ti-ti » extrêmement aigu .

NID : Les nids arrondis des roitelets sont constitués de mousse, de fines bandes d'écorce interne, de plumes et d'autres matériaux similaires. Ces nids sont fabriqués dans des arbres à feuilles persistantes et sont parfois placés jusqu'à soixante pieds au-dessus du sol.

Roitelet à couronne rubis : 4¼ pouces

ROBIN

Notre Robin natal n'est pas étroitement apparenté à l'oiseau que les Anglais appellent « Robin Redbreast ». Il est plutôt un parent de l'Oiseau Bleu et de la Grive. Avant que les petits du Merle ne quittent le nid, leur poitrine est tachetée, tout comme celle des Grives. Après la première mue , ce marquage disparaît. Certains Robins sont avec nous tout au long de l'année. Cependant, seuls les plus rustiques d'entre eux restent durant l'hiver. La majorité voyage vers les climats plus chauds. Ceux qui nous viennent du Sud arrivent vers le premier mars et repartent vers la fin octobre.

CHANSON:

« Sous le soleil et sous la pluie

J'entends le rouge-gorge dans la ruelle

En chantant. 'Gaiement,

Rassurez-vous, remontez le moral ;

Joyeusement, joyeusement, joyeusement, remontez le moral'.

Un auteur de « A Masque of Poets » a très bien décrit la joie de la chanson de Robin. La musique de Robin a une vraie mélodie et une vraie expression. En effet, très peu de nos oiseaux possèdent ce qu'on pourrait appeler un vocabulaire aussi riche ou autant de notes expressives que cet oiseau familier.

NID : Le nid du merle est constitué d'herbes, de radicelles et de feuilles. L'intérieur est bien revêtu ou enduit d'une couche de boue. Une autre couche d'herbe fine forme le lit sur lequel sont pondus les œufs bleu verdâtre. Ces œufs sont au nombre de trois à cinq. Les merles élèvent souvent deux familles chaque année. Les jeunes de la première couvée quittent le nid vers le premier juillet.

ALIMENTATION : En juin et juillet, les merles se nourrissent dans une certaine mesure de baies et de fruits similaires. Cependant, le peu de mal qu'ils peuvent faire de cette manière est largement compensé par le bien qui est fait pendant le reste de l'année. Les Merles sont des glaneurs d'insectes. Ils mangent de grandes quantités de coléoptères et de leurs larves, sauterelles, grillons, fourmis et autres ravageurs des plantes. L'un des spectacles les plus comiques de l'alimentation des oiseaux est de voir un grand merle rond et en bonne santé lutter pour extraire de son trou dans le sol un ver de terre résistant, tout aussi sain. Souvent, le ver se brise en deux et le rouge-gorge, soudainement et de manière très inattendue, tombe en arrière. Le merle semble « écouter » le ver lorsqu'il marche et saute sur la pelouse tôt le matin.

CHANT : Le chant du rouge-gorge au début du printemps nous annonce que le temps chaud n'est pas loin. Nous recherchons sa poitrine rouge brique et l'observons pendant qu'il se nourrit de nos pelouses et jardins.

Le Robin—10 pouces

LE MEILLEUR À AILÉES ROUGES

Début mars, le mâle Redwing arrive. Ce n'est que deux ou trois semaines plus tard que la femelle vient du sud rejoindre sa compagnie et voguer sur les quenouilles du marais. Une fois le mois d'août passé, les merles adultes sont rarement aperçus. C'est en juillet que les jeunes et les vieux oiseaux se rassemblent en grands groupes pour se préparer au voyage vers le sud. Les Carouges à épaulettes venant plus au nord peuvent être observés jusqu'en octobre.

MARQUES : Le Carouge à épaulettes mâle est d'un noir brillant impeccable avec des taches sur les épaules, ou épaulettes, d'un écarlate brillant, bordées d'or. Son compagnon est d'apparence plus sobre, strié de brun modeste.

CHANT : Henry D. Thoreau a décrit le chant du Carouge à épaulettes comme étant : « *Chonk-a- ree* ». Ces notes gratuites et véritablement bouillonnantes sont données encore et encore pendant que les oiseaux vaquent à leurs tâches quotidiennes au printemps. Cependant, l'arrivée des femelles est peut-être le signal du plus grand effort de chant de la part des mâles. C'est à cette époque, surtout, que le marais est assez vivant avec le riche chant semblable à un roseau qui répète : « *Conk-a- ree* » — « *Conk-a- ree* » — « *Conk-a- ree* » !

NID : Le nid de cet oiseau est tissé d'herbes, de tiges de mauvaises herbes et de radicelles. Parfois, il est construit dans une masse amicale et compacte de quenouilles, et d'autres nids peuvent être observés dans des buissons bas ou des touffes. Ces Redwings n'accueillent pas les visiteurs sur leurs sites de nidification. Ils soulèvent des objections très véhémentes et, dans leur tentative de chasser l'intrus, oiseau, bête ou homme, ils volent très près, tout en grondant d'une voix dure.

OEUFS : Les œufs des Carouges à épaulettes sont vraiment inhabituels par leurs marques. Ils sont d'un fond bleu pâle, ou couleur de base, et sont souvent griffonnés de violet foncé ou de noir. Ils semblent avoir été piétinés par un oiseau qui a d'abord trempé ses orteils dans une bouteille d'encre. Ces œufs sont au nombre de trois à cinq.

Le Carouge à épaulettes : 9½ pouces

L'ORIOLE DE BALTIMORE

« Comment se fait-il, Oriole, que tu sois venu voler

Dans la splendeur des tropiques à travers notre ciel nordique
?

Edgar Fawcett pose cette question dans son poème. Qui peut lui répondre ? L'Oriole de Baltimore arrive chez nous début mai et reste jusqu'au premier septembre environ. Cet oiseau, parfois appelé Golden Robin, est l'homonyme de George Calvert, ou Lord Baltimore, qui fut le premier propriétaire du Maryland. En effet, il semble « doré » lorsqu'il clignote parmi les feuilles vertes. Cependant, il est un parent des merles plutôt que des merles.

COULEURS : Les plumes orange brillant et noires de l'Oriole sont les marques par lesquelles l'oiseau peut être identifié. La tête, les épaules et le cou ainsi que la partie supérieure du dos sont d'un noir brillant. La poitrine est d'un orange vif, parfois presque dorée.

CHANT : Un sifflement fort, parfois audacieux, émis au sommet d'un orme imposant annonce souvent la présence de l'Oriole de Baltimore. C'est un excellent chanteur doté d'un talent considérable. Son chant se caractérise par une richesse qui donne une véritable qualité musicale à ses efforts.

Le même poète demande plus loin :

"À un moment heureux, c'était le choix et le charme de la
nature

Pour doter un morceau de coucher de soleil d'une voix ?

NID : Le magnifique nid suspendu de l'Oriole de Baltimore est souvent suspendu au bout de la branche d'un arbre d'ombrage, où il se balance à chaque brise qui passe. Il est composé de cheveux, de ficelles, d'herbes, d'écorces et d'autres matériaux similaires, tous étroitement imbriqués avec la plus grande habileté. Les œufs, au nombre de quatre à six, sont de couleur blanche marquée de lignes et de taches noirâtres ondulées. Cet oiseau est connu pour faire un très bon usage du fil, de la ficelle et même des bandes de tissu, placées là où elles pourraient facilement être trouvées et tissées dans le nid. Certains nids construits presque entièrement avec de la ficelle ont été trouvés.

L'Oriole de Baltimore - 7½ pouces

BROYEUR BROYEUR

La personnalité sociable du Bruant chipping permet à l'élève oiseau de faire sa connaissance étroite. C'est un petit oiseau aux habitudes modestes, qui montre sa confiance dans le genre humain en vivant très près des habitations des hommes. Début avril, « Chippy » arrive. Il part pour le Sud vers le premier novembre.

CHANSON : « *Chippy—Chippy—Chippy* », c'est tout ce que ce petit moineau a à dire. Certes, ce n'est pas un chant particulièrement attrayant, et pourtant il correspond tout à fait au caractère modeste de l'oiseau. On pourrait difficilement appeler cela une chanson. C'est une note extrêmement aiguë avec très peu de qualité musicale. Néanmoins, aussi monotones que soient les chansons, elles semblent avoir un air particulièrement amical, qui, parfois, est très bienvenu.

ALIMENTATION : Les insectes nuisibles sont mangés en grande quantité par les Bruants chippers. Les coléoptères, sauterelles et autres insectes similaires sont les proies de cet oiseau. De nombreux types de graines constituent le reste de l'alimentation. « Chippy » acceptera volontiers l'hospitalité humaine chaque fois que des miettes seront éparpillées, à condition, bien sûr, que le moineau anglais n'arrive pas en premier à la station d'alimentation.

NID : Le nid du Bruant burineur est construit dans les buissons, les arbustes, les arbres ou dans les vieilles vignes qui poussent autour des maisons de campagne. Le nid est tapissé de poils longs. On se demande souvent où l'oiseau en trouve autant. L'herbe et les fines brindilles sont utilisées pour la construction principale de la maison.

REMARQUES : La petite calotte alezan du Bruant chipping est peut-être sa marque la plus visible. Grâce à cela et à sa petite taille, il peut être facilement identifié. Il est parfois appelé le « moindre » moineau. Comme certains autres membres de la famille Sparrow, il se réveille parfois au milieu de la nuit et se met à chanter.

Le Bruant chipping ou «Chippy» - 5¼ pouces

LE PRAIRIE

Cet oiseau des champs peut être vu tous les mois de l'année. Après avoir marché parmi les herbes, il peut s'envoler soudainement et peut être identifié par les plumes extérieures blanches bien visibles de sa queue qui clignotent au soleil.

MARQUES DE TERRAIN : Le croissant noir sur la poitrine jaune de l'Alouette des prés est une fine marque de terrain. Au petit matin, quand le soleil levant brille sur les prairies ouvertes, cette tache jaune vif semble être, en elle-même, une tache réfléchie de lumière dorée. En hiver, une teinte brunâtre, rappelant davantage celle des herbes séchées des marais, recouvre le plumage.

ALIMENTATION : Les insectes constituent la majeure partie de la nourriture de ce gardien des champs de foin. Les punaises des champs, les charançons, les sauterelles, les tiques, les poux des plantes et autres ennemis de l'agriculteur sont tous la proie du bec pointu et scrutateur.

NID : Le beau petit nid, parfois voûté, est construit avec de l'herbe sèche. Il est caché sur le sol, défiant souvent les yeux les plus perçants du faucon et de l'homme. Les œufs sont blancs, tachetés de brun rougeâtre . Ils peuvent être au nombre de quatre à six.

CHANT : La musique de cet oiseau terrestre est quelque peu triste. Un sifflement sourd, s'élevant de l'herbe au printemps et au début de l'été, raconte la cachette de l'alouette des prés, chantant sur une tonalité mineure plaintive. Parfois, cette chanson vient des airs. Ses notes claires peuvent être entendues tout au long de l'année.

Le printemps de l'année

La chanson de Meadowlark est « Spring o' the year »

Alors qu'il survole les champs de foin ;

Il chante son labeur et non la joie

Cela se trouve dans un pays lointain.

REMARQUES : La coloration protectrice de l'Alouette des prés est d'une grande aide pour l'oiseau. Les couleurs douces du brun et du fond l'aident à échapper à des ennemis tels que les faucons et autres créatures proies. Pour un oiseau de proie planant, l'Alouette des prés doit sembler n'être qu'une partie du sol sur laquelle elle marche.

Le Meadowlark—10¾ pouces

LE GEAI BLEU

Le Geai bleu est étroitement apparenté au Corbeau. Il montre cette relation de plusieurs manières. Il est très intelligent, a un sens de l'humour aiguisé et est un observateur des oiseaux et des hommes. Tout au long de l'année, il se fait connaître par son plumage saisissant, sa voix forte et son corps actif. Cependant, pendant la saison de nidification, il est relativement calme et on le voit peu.

ALIMENTATION : Pendant huit à neuf mois de l'année, le Geai bleu gagne honnêtement sa vie. Il mange de nombreux insectes nuisibles, des grenouilles, des escargots et même des petits poissons et des souris. Cependant, pendant la saison de reproduction, le Geai se transforme parfois en voleur et est connu pour voler les petits d'autres oiseaux. Néanmoins, le Geai est une créature sympathique, et probablement avant que les êtres humains ne viennent le déranger, il n'était pas aussi gênant pour les autres oiseaux qu'aujourd'hui.

CHANSON : La note clairement sifflée de cet oiseau proclame le nom *Jay !— Jay !— Jay !* dans des notes fortes, dures et résonantes. Parfois, la chanson est très agréable avec une qualité de cloche. Certains pensent que lorsque le Geai appelle , il dit *Voleur ! Voleur! Voleur!*

NID : Le Geai bleu construit souvent son nid dans l'entrejambe d'un arbre. Il est constitué de brindilles assez fortement entrelacées. La doublure est constituée de feuillets. L'intérieur du nid n'est en aucun cas mou. Les œufs brun olive pâle ou verts parsemés de brunâtre sont au nombre de quatre à six.

REMARQUES : C'est en hiver que l'on connaît vraiment le Geai en mouvement. Lorsque la neige est au sol et que les bois et les champs sont calmes, il semble agréable de voir se précipiter à travers les branches, criant encore et encore, un oiseau bleuâtre brillant qui donne une atmosphère entièrement différente à l'extérieur. Étant en quelque sorte un imitateur, il prend parfois plaisir à imiter les chants d'oiseaux tels que la Buse à épaulettes et d'autres chants qui ont une sonnerie similaire. On l'a traité de réprouvé, mais, malgré ses mauvaises habitudes, qui n'apprécie pas sa vivacité et sa personnalité toujours active ?

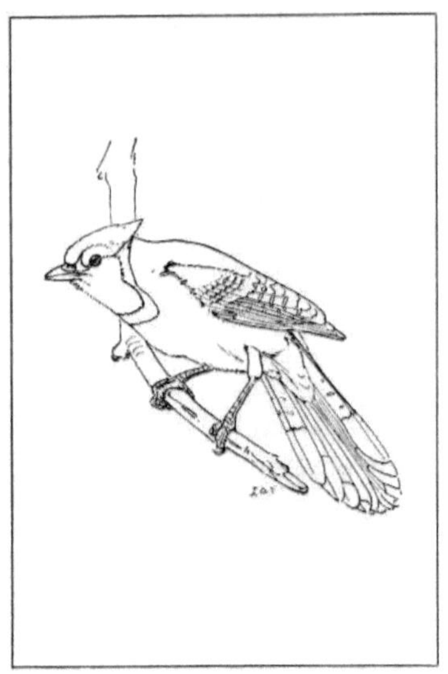

Le Bluejay —11½ pouces

Pic mineur

Ce petit membre de la famille Woodpecker est un résident permanent chez nous. Tout au long de l'année, on le voit occupé à accomplir l'œuvre de sa vie, qui est une recherche constante de nourriture. Le Pic mineur se distingue du Pic poilu principalement par sa plus petite taille et par les rectrices extérieures de sa queue barrées de noir.

NOURRITURE : La nourriture de presque tous les pics est constituée de matières insectes trouvées sur ou dans l'écorce des arbres. Ainsi, lorsque le Pic mineur est à la recherche de nourriture, on peut le voir sur les troncs d'arbres ou même pendu sous les branches en train de picorer, de creuser et de creuser. Nommer les insectes nuisibles qui constituent le régime alimentaire de ce pic prendrait une longue liste. « Chaque coup avec lequel il frappe à la porte d'une retraite d'insectes sonne le bruit du malheur. Il perce l'écorce avec son bec, puis avec sa langue barbelée en tire un insecte et s'en va frapper une dernière sommation à la porte du suivant.

NID : Le Pic mineur a sa propre maison. Il utilise son bec comme ciseau et comme pioche, et creuse une souche d'arbre creuse, créant un joli petit trou rond qui mène à une cavité dans laquelle les œufs blancs sont pondus. Comme lit pour ces œufs, le Pic utilise quelques copeaux mous. Ces mêmes trous sont souvent utilisés la saison suivante par quelque petite Mésange qui est trop contente de profiter de son opportunité.

CHANT : En plus de taper ou de tambouriner sur une souche creuse, faisant ainsi le bruit d'un petit batteur, le Pic mineur possède également une sorte de chant. Les notes sont plutôt professionnelles et traversent les bois avec industrie, — en succession rapide — *coucou-coucou* ! Parfois, surtout lorsqu'elles sont interrompues, les notes peuvent ressembler à *chink-chink-chink* !

REMARQUES : En hiver, le Pic mineur mène une vie plutôt solitaire, volant dans les bois, cherchant ici et là, criant de temps en temps et attendant patiemment le retour du printemps. Au printemps, cependant, lorsque revient la saison des amours, le duveteux prend un nouvel intérêt à la vie, devient plus actif et se montre généralement très

conscient du fait qu'il devra bientôt s'attendre à travailler sur
sa nouvelle maison. C'est à ce moment-là que la note d'appel
peek-peek-peek ! arrive plus brusquement que jamais.

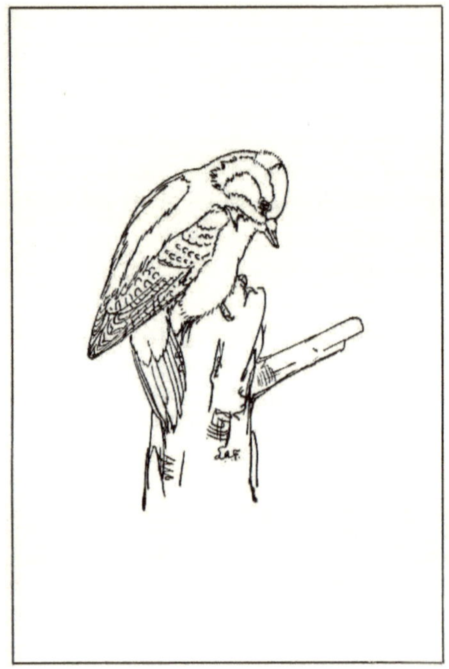

Pic mineur : 6 pouces

L'ÉTOINEAU

Comme le moineau anglais, l'étourneau sansonnet est devenu un citoyen américain naturalisé. Il a été introduit d'Europe en 1890, lorsque soixante de ses semblables ont été relâchés à Central Park, à New York. Il est un résident permanent partout où il s'est répandu et, du fait qu'il chasse souvent les oiseaux locaux ou indigènes, il est quelque peu répréhensible.

CHANT : Le chant de l'Étourneau sansonnet comporte de nombreuses notes attrayantes. Les sifflets sont particulièrement appréciés des citadins qui entendent rarement les chants d'oiseaux plus doués. Un fouillis indescriptible de notes caractérise le reste des efforts musicaux de Starling. William H. Hudson a écrit une très bonne description du chant de cet oiseau : « Son mérite réside moins dans la qualité des sons qu'il émet que dans leur variété infinie. D'une manière tranquille, il divague parfois pendant une heure, en sifflant et en gazouillant très agréablement, mêlant ses notes les plus fines à des bavardages , des cris et des sons comme des claquements de doigts.

NID : L'étourneau sansonnet construit dans les crevasses des bâtiments, dans les arbres creux ou dans les nichoirs érigés pour l'usage d'autres oiseaux. Le matériel du nid est constitué d'herbes, de paille, de brindilles et d'autres matériaux disponibles. Les œufs, au nombre de quatre à six, sont d'une couleur bleuâtre pâle.

ALIMENTATION : L'Étourneau sansonnet se nourrit d'un grand nombre d'insectes. Malheureusement, les cerises cultivées sont également très appréciées des oiseaux qui s'en nourrissent assez souvent pendant la saison de reproduction.

REMARQUES : Le plumage de l'Étourneau sansonnet mâle est assez beau. Il est d'une couleur irisée et métallique au printemps et en été. En hiver, un gris brunâtre obscurcit les couleurs les plus brillantes. Le bec de l'oiseau est jaune en été, mais de couleur corne foncée en hiver.

Étourneau : 8½ pouces

JUNCO

Le Junco de couleur ardoise descend du Nord pour passer l'hiver dans un climat plus tempéré. Il peut être vu pour la première fois vers la fin septembre. Le départ pour le Nord se fait vers le premier mai. Ils sont certainement les bienvenus, car ils viennent comme ils le font lorsque la plupart de nos petits oiseaux sont partis plus au sud. En petits groupes, ces petits oiseaux dodus sautent et volent, ici et là, au-dessus de la neige, à la recherche de graines de mauvaises herbes et d'autres aliments.

CHANT : Les notes les plus fréquemment entendues sont de petits « *tsips* » aigus donnés plutôt comme une note d'appel que comme un chant. La vraie musique ou chant régulier du Junco est un trille résolument musical. Parfois, lorsqu'ils sont dérangés, les oiseaux émettent un court « *smack !* » et s'envoler vers un autre endroit où ils pourront poursuivre leur chasse sans interruption.

MARQUES : Le Junco est un petit oiseau très soigné, avec une apparence quelque peu élégante. Il est assez dodu et présente une couverture de couleur ardoise soignée au-dessus et sur la gorge en forme de « bavoir ». Le ventre est blanc. Deux rectrices extérieures blanches très visibles constituent les marques d'identification les plus frappantes.

BILL : Cet oiseau fait partie de la famille des moineaux. Il a un petit bec épais et pointu qui lui rend de grands services pour écraser les graines. Lorsque le soleil brille directement à travers ce bec, une couleur rose chair apparaît.

NID : Le Junco niche depuis le nord de l'État de New York et de la Nouvelle-Angleterre, vers le nord. Le nid est constitué de fines radicelles, d'herbes et de mousse, entrelacées et construites au sol ou juste au-dessus dans de petits buissons, et tapissées de poils.

REMARQUES : La sociabilité du Junco est principalement responsable de ses déplacements en petits groupes pendant la période hivernale. Les miettes et aliments similaires sont grandement appréciés par cet oiseau, qui s'approche souvent des habitations humaines s'il est suffisamment invité. L'éclair de blanc et de gris est un spectacle bienvenu lorsqu'un petit groupe de ces oiseaux arrive en volant dans le jardin lorsque les nuages au-dessus sont lourds et gris avec

la neige qui approche. C'est à cette période que nous
apprécions le plus leur compagnie.

Le Junco—6¾ pouces

LE MOINEAU ANGLAIS

Le moineau anglais est le plus souvent qualifié de nuisible. C'est un résident permanent à plus d'un titre. C'est en 1851 et 1852 à Brooklyn, New York, que le petit oiseau fut introduit pour la première fois. Au cours des 20 premières années environ, cette activité était essentiellement confinée aux grandes villes de l'Est. Cependant, en raison de la croissance rapide de l'oiseau, il s'est répandu dans tous les États de l'Union et s'est révélé être une véritable nuisance. Les oiseaux indigènes ont été chassés de leurs foyers et privés d'une grande partie de leur nourriture et de plusieurs de leurs sites de nidification.

CHANT : Le moineau anglais n'a pas de véritable chant, mais se contente plutôt d'appeler *Chirp—Chirp—Chirp—Chirp !* encore et encore. Parfois, dans les grandes villes comme New York, loin des parcs où aucun autre oiseau ne se trouverait probablement, le petit moineau robuste est accueilli par les enfants pour qui, sans lui, la vie des oiseaux serait un livre entièrement fermé. C'est ainsi que le *gazouillis-gazouillis-gazouillis !* n'est pas indésirable partout.

NID : Le Dr Frank M. Chapman a déclaré que le moineau anglais construit son nid avec n'importe quel matériau disponible, dans n'importe quel endroit disponible. Derrière les volets des fenêtres, dans les avant-toits et les gouttières retournés, sous les toits, dans les trous des arbres et dans presque tous les endroits imaginables, cet oiseau habite. Les œufs, au nombre de quatre à sept, varient considérablement en coloration. Parfois, ils sont d'un blanc uni, parfois presque entièrement colorés de brun olive. Ils sont souvent marqués d'olive.

REMARQUES : Même si ce petit oiseau est véritablement nuisible, il semble dommage de le critiquer en termes trop sévères. Après tout, ce n'est pas sa faute s'il a été amené dans un pays dont le climat et les conditions de vie générales se sont avérés exactement ce qu'il souhaitait. Il a prospéré parce que son habitat d'adoption s'est révélé idéal. Ne confondons en aucune façon cet oiseau avec nos moineaux véritablement indigènes dont les habitudes sont si différentes de celles de ce petit colon anglais. Les noms de certains de nos oiseaux nord-américains de la même famille sont le moineau des champs, le bruant chanteur, le bruant vespéral et bien d'autres dont la vie, malheureusement, est loin d'être aussi connue.

Le moineau anglais

Tangara écarlate

Les Tangaras n'hivernent pas au nord de la frontière mexicaine. En été, quatre espèces sont présentes aux États-Unis, dont seulement deux habitent cette partie du pays. Le Tangara écarlate est l'un des plus communs d'entre eux. Il arrive début mai et repart début octobre. Ces beaux oiseaux ne sont pas souvent vus à moins que nous regardions vers les arbres. L'oiseau mâle, avec ses couleurs vraiment surprenantes, est un spectacle inoubliable. Les ailes et la queue sont d'un noir de jais et le reste du corps est d'un écarlate remarquable. La femelle est plus modestement marquée d'olive.

CHANT : Le chant du Tangara écarlate ressemble à celui d'un rouge-gorge, mais il est beaucoup plus rauque ou bourdonnant, ce qui fait penser à un rouge-gorge chantant avec un rhume dans son syrinx. John Burroughs l'a qualifié de « superbe et fière variété ». Les tons ont une qualité vraiment « fière » et expriment bien les sentiments de celui qui aimerait rester inactif dans les bois pour profiter pleinement du contenu et de la paix d'une chaude journée de printemps. Ils évoquent le calme d'un bourdon *fatigué* qui rentre chez lui à la fin d'une dure journée de travail. La note d'appel a été représentée par « *Chip-churr—chip-churr* ».

NID : Le nid de cet oiseau est constitué de tiges, de radicelles et de bandes d'écorce. Il est parfois de construction assez lâche et est placé sur la branche étalée d'un arbre atteignant parfois quarante pieds de haut. Les œufs, au nombre de trois à cinq, sont d'un bleu verdâtre tacheté de couleur marron.

ALIMENTATION : Le Tangara écarlate détruit de nombreux insectes nuisibles et est pour cette raison un oiseau très bénéfique. Les coléoptères, les mouches grues, les charançons et de nombreuses chenilles constituent une grande partie de son alimentation. Le Tangara se nourrit également de certains aliments végétaux tels que des petits fruits, des baies et des graines de plantes, pour la plupart sauvages.

REMARQUES : Le Tangara d'été mâle, qui est une autre espèce, est d'un rouge terne dessus et d'un vermillon dessous. La femelle de cette famille du Tangara écarlate est d'un vert jaunâtre sur le dessus avec un jaune terne sur le dessous.

Ces Tangaras ont une apparence véritablement tropicale. Ce sont des touches de couleurs animées qui semblent en quelque sorte étrangères à nos bois du Nord.

Le Tangara écarlate—7½ pouces

VIRÉO AUX YEUX ROUGES

À l'exception du Oiseau-chat, l'oiseau le plus bavard que l'on connaisse est le Viréo aux yeux rouges. Il est aperçu pour la première fois fin avril. Quand octobre arrive, les yeux rouges se dirigent vers le sud. Tout au long des chaudes journées du printemps et de l'été, ce petit oiseau persistant chante et chante. M. Wilson Flagg l'a surnommé « l'oiseau du prédicateur ». Ce titre est en effet bien mérité car il semble répéter sans cesse : « Vous me voyez, je vous vois, m'entendez-vous ? Est-ce que tu me crois?"

NID : Le nid pendant du Viréo aux yeux rouges est suspendu à une branche fourchue. Il est composé de petits morceaux de bois mort, de duvet de plantes, de papier et de fines bandes d'écorce, le tout soigneusement entrelacé pour former un petit panier à oiseaux. Les œufs, au nombre de trois à quatre, sont de couleur blanche avec quelques taches brunes ou d'ombre sur la plus grande extrémité. Le Vacher laisse fréquemment son œuf dans le nid de ce petit oiseau. Ce poème de Faith C. Lee, dans *Bird-Lore* , donne l'opinion d'une personne sur le vacher.

Viréo aux yeux rouges

"Quand au-dessus de toi tu entends un oiseau

Qui parle, ou plutôt bavarde,

Parmi toutes les dernières nouvelles forestières,

Et d'autres choses insignifiantes,

Qui est si gentil, si gentil,

Elle ne pourra jamais dire non.

Et donc le méchant vacher

Lâche un œuf parmi sa rangée

Des œufs blancs bien nets. La voici alors,

Le Viréo aux yeux rouges !

MARQUES : La petite couronne soignée du Viréo aux yeux rouges est de couleur grise, bordée de chaque côté par une jolie petite bande noire. L'œil de l'oiseau est rouge brique avec une ligne blanche juste au-dessus.

ALIMENTATION : Bien que cet oiseau ne fasse pas partie de la famille des Parulines, ses habitudes sont quelque peu similaires. La nourriture pour insectes se trouve dans les arbres, les arbustes et les buissons.

Mabel Osgood Wright a qualifié le Viréo aux yeux rouges d'oiseau de midi. Dans son poème pour enfants de neuf strophes, intitulé « Les oiseaux et les heures », elle dit :

Le Viréo aux yeux rouges - 6 pouces

Midi

« Qui est l'Oiseau du milieu ?

Le Viréo gay aux ailes vertes et aux yeux rouges,

Qui parle et prêche, mais garde un oeil

Sur tout étranger qui passe par là.

On sait que l'oiseau aux yeux rouges est devenu si apprivoisé que des personnes ont caressé le dos d'un oiseau alors qu'il était assis sur son nid.

LE Chardonneret

L'un des oiseaux les plus joyeux est le chardonneret, ou « canari sauvage », comme on l'appelle parfois. Quand l'hiver arrive, avec son froid mordant et sa neige épaisse, nous trouvons encore ce joyeux petit oiseau, en visite avec ses nombreux amis, peut-être perché sur une branche stérile, gazouillant sa petite chanson joyeuse à tous ceux qui veulent l'écouter. C'est au cours de ces mois que l'on constate qu'il a changé son pelage jaune vif pour un pelage vert olive. Cependant, il porte toujours sa petite casquette noire comme couvre-chef.

CHANT : Non seulement le chardonneret ressemble au canari en couleur, mais son chant ressemble également à celui d'un canari. Sa chanson est vive, spontanée et résolument musicale, souvent décrite comme « *per-chic- oree* ». Il est fréquemment donné lorsque l'oiseau est en vol. Le vol est ondulant et tandis que l'oiseau s'élève dans une grande courbe ascendante, un chant clair, au caractère sauvage et insouciant, remplit joyeusement l'air.

NID : Le nid du chardonneret se trouve parfois dans des buissons bas ou dans des arbres. C'est l'une des plus belles structures que l'on puisse voir à l'extérieur. De l'herbe fine et de la mousse sont utilisées pour l'extérieur, tandis que le duvet le plus léger du chardon est collecté pour la doublure douce du nid. Heureux, en effet, les petits oiseaux qui sont élevés dans ce canapé véritablement soyeux. Les œufs, au nombre de trois à six, sont d'une couleur blanc bleuâtre pâle.

REMARQUES : Le chardonneret femelle est de couleur beaucoup plus foncée. Au lieu de la calotte noire et des ailes noires du mâle, elle est recouverte d'une olive brunâtre sur le dessus et d'un blanc jaunâtre sur le dessous. En effet, elle est bien la plus modeste des deux. Ce petit « canari sauvage », qui chante en volant, est aussi utile que séduisant. Il mange des graines de mauvaises herbes et d'autres aliments similaires. Il est très attiré par les graines de tournesol et il s'approcherait souvent très près de chez nous si nous prenions soin de lui. Lorsque nous voyons le Chardonneret plonger dans les airs et que nous entendons son joyeux « *per-chic-oree* » , même de loin, nous ne pouvons nous tromper sur son identité ; car de tous les oiseaux qui ont des habitudes définies, le chardonneret est le plus caractéristique par sa manière de voler.

Chardonneret—5¼ pouces

LE COlibris à gorge rubis

La seule espèce de colibri que nous connaissons dans le Nord-Est est le colibri à gorge rubis. Ce petit joyau vrombissant nous arrive du Sud tout début mai et repart le premier octobre. Il est intéressant d'apprendre qu'il existe au moins cinq cents espèces connues de colibris dans le Nouveau Monde. On les trouve uniquement en Amérique du Nord et en Amérique du Sud, le plus grand nombre se trouvant en Amérique du Sud, en Équateur et en Colombie, où le Dr Frank M. Chapman écrit qu'ils habitent les régions andines.

CHANT : Le Colibri à gorge rubis n'émet qu'un petit « couinement » et on peut donc dire qu'il ne possède aucun véritable chant. M. F. Schuyler Mathews a dit que cette note pourrait signifier : « Faites attention maintenant ; n'essayez pas de m'attraper par la queue pendant que ma tête est enfouie dans cette gloire du matin ! Le « bourdonnement » est émis par les battements rapides des ailes. En effet, ces ailes se déplacent si rapidement qu'elles sont invisibles lorsque l'oiseau plane dans les airs tout en observant une fleur.

ALIMENTATION : Le régime alimentaire de ce colibri se compose de minuscules insectes ainsi que du nectar des fleurs.

NID : Cette petite structure rare est construite sur une branche d'arbre horizontale, assez loin du sol. Il est construit à partir du duvet végétal le plus doux, recouvert à l'extérieur de petits morceaux de lichens et lié à la branche avec des fibres. Cette petite composition délicate est des plus difficiles à trouver. Souvent, on ne le découvre que par accident, perché sur ses fondations vacillantes. Les deux œufs blancs, de la taille d'un haricot, sont incubés, puis les deux petits oiseaux apparaissent dans le dé à coudre en soie. Toute la famille pourrait être contenue dans une cuillère.

Ce petit nain à la gorge rouge,

Cela bourdonne dans les airs comme une abeille ;

Est-ce plutôt un oiseau ou une fée,

Cela plane à la vue des mortels ?

Ou est-ce une fleur aux ailes argentées,

Content de voler même s'il ne peut jamais chanter ?

Lors des douces journées d'été, là où pousse l'herbe-bijou,

Cet éclair venu des Tropiques peut sembler,

Dans sa course et sa course partout où il va,

Être comme le fil d'un rêve

Que les voyages comme même un rêve peuvent le faire,

Pour visiter les fleurs et le goût de la rosée.

Les colibris à gorge rubis - 3½ pouces
Mâle en haut, femelle en bas

Bec-croisé des sapins

JEUX D'OISEAUX

Il existe de nombreux jeux différents qui peuvent être joués pour ajouter de l'intérêt à une étude des oiseaux. Certains d'entre eux sont adaptables à l'extérieur et d'autres à la salle de classe. Un jeu qui s'est révélé plutôt populaire est *le jeu de pièces d'oiseaux* .

ÉQUIPEMENT : Pour l'équipement, il est nécessaire que l'instructeur ait soit une grande image colorée, soit un spécimen réel d'un oiseau comme l'Alouette des prés, qui est marqué de manière assez distinctive.

RÈGLES : Tout d'abord, l'instructeur attire l'attention des enfants sur les différentes parties de l'oiseau telles que décrites sur le tableau de ce livret. Il demande ensuite aux enfants de se lever et appelle des parties du corps telles que la couronne, la nuque, la gorge et l'épaule, demandant aux enfants de poser rapidement leurs mains sur les parties de leur corps qui sont nommées. Après cette brève revue, l'instructeur montre un oiseau différent et montre les différentes parties telles que la nuque jaune du Goglu des prés, la poitrine rougeâtre du Gros-bec et demande aux enfants de nommer rapidement les parties comme elles sont indiquées, en même temps. plaçant leurs mains sur ces parties comme auparavant. L'enfant qui se trompe est amené à garder sa main là où elle est, et, par un procédé d'élimination, à l'aide de plusieurs oiseaux, il est souvent possible de retrouver un seul enfant invaincu.

JEU DU NID D'OISEAU

Afin d'apprécier à quel point les nids d'oiseaux sont de merveilleuses structures, il est parfois utile d'essayer de construire un nid.

ÉQUIPEMENT : Laissez chaque enfant rassembler plusieurs poignées d'herbe séchée, de courtes brindilles mortes, des bandes d'écorce interne, des feuilles et des matériaux similaires pour le nid. Ceux-ci peuvent être apportés en classe ou bien le jeu peut être joué en plein air.

RÈGLES : L'instructeur doit donner un bref exposé sur les différents types de nids d'oiseaux tels que ceux des merles et des corbeaux. À cette fin, plusieurs nids d'oiseaux réels, à titre d'exemple, seraient très utiles. Les enfants doivent disposer d'un temps donné pour construire leur nid. À la fin de cette période, il est à peine possible qu'il y ait une seule structure ressemblant à un nid dans le groupe. Ce nid sera bien entendu le gagnant. C'est une façon pour les enfants d'apprécier les véritables nids d'oiseaux.

LES MIGRATIONS DES OISEAUX LOCAUX

Notre avifaune locale peut être divisée grossièrement en deux parties : les *résidents permanents* et les *transitoires* . Comme l'a dit M. Ludlow Griscom : « Il est vain de chercher des parulines en janvier ou des canards en juillet. » Nous devons savoir lesquels de nos oiseaux sont avec nous toute l'année et lesquels nous visitent pendant une courte période. Ce qui suit est une liste qui nous aidera à savoir *quand* rechercher différents oiseaux à différentes saisons.

A. RÉSIDENTS PERMANENTS.

En général, les oiseaux présents durant les mois de novembre, décembre, janvier et février se retrouvent par ici toute l'année. Il s'agit de la Corneille, de plusieurs Hiboux, du Bruant chanteur, de la Perdrix, etc. Cependant, nous avons aussi des visiteurs hivernaux, comme les Roitelets, la Grimpante brune, le Snowbird et d'autres qui reviennent vers le nord pendant la saison chaude de l'année.

B. VISITEURS DU PRINTEMPS.

1er *mars*. Au cours de ce mois, on remarque un afflux progressif d'oiseaux. Voici une liste de ces visiteurs les plus audacieux.

(15 février au 25 mars)

Alouette des prés

Quiscale rouilleux

Carouge à épaulettes

Sarcelle à ailes vertes

Martin-pêcheur

Phoebé

Vacher

Colombe du matin

Quiscale violet

Moineau renard

Robin

Oiseau bleu

Canard branchu

Pluvier kildir

Bécasse

2. *avril*

(25 mars au 12 avril)

Grèbe à bec bigarré

Sarcelle à ailes bleues

Grand héron bleu

Bécassine de Wilson

Pluvier siffleur

Balbuzard

Pic à ventre jaune

Moineau vespéral

Roitet à couronne rubis

Bruant des prés

Bruant à gorge blanche

Bruant broyeur

Moineau des champs

Bruant des marais

Hirondelle bicolore

Paruline jaune des palmiers

Paruline des pins

Grive ermite

(17 au 25 avril)

Butor

Bihoreau gris

Rail à clapet

Râle de Virginie

Tohi

Hirondelle rustique

Viréo à tête bleue

Paruline noire et blanche

Paruline myrte

Paruline verte à gorge noire

Grive aquatique de Louisiane

Moqueur brun

(25 au 30 avril)

Héron vert

Grand Chevalier

Bécasseau tacheté

Buse à ailes larges

Fouet-pourri

Martinet ramoneur

Martin violet

Hirondelle des falaises

Hirondelle de banque

Hirondelle à ailes hérissées

Paruline jaune

Troglodyte domestique

3. *Mai :* C'est le meilleur mois de l'année pour le travail d'observation si l'on souhaite une grande liste d'oiseaux. Les oiseaux se précipitent désormais vers le nord, le pic de la saison de migration est atteint et il est possible d'observer plus de 100 espèces en une seule journée.

(du 2 au 7 mai)

Bécasseau solitaire

Faucon Pigeon

Colibri

Kingbird

Moucherolle huppé

Petit Moucherolle

Oriole de Baltimore

Loriot du verger

Bruant sauterelle

Cardinal à poitrine rose

Tangara

Viréo gazouillant

Viréo à gorge jaune

Viréo aux yeux blancs

Paruline de Nashville

Paruline à ailes bleues

Paruline Parula

Paruline bleue à gorge noire

Paruline à flancs marron

Paruline des prairies

Grive aquatique

Paruline à capuchon

Gorge jaune du Nord

Oiseau de four

Rouge-queue

Oiseau-chat

Grive des bois

Très

(9 au 12 mai)

Moucherolle acadien

Viréo aux yeux rouges

Paruline vermifuge

Paruline noire

Bavarder

Grive à dos olive

Paruline magnolia

Paruline du Canada

(10 au 14 mai)

Engoulevent

Goglu des prés

Bruant à couronne blanche

Moineau de Lincoln

Paruline à ailes dorées

Paruline du Tennessee

Paruline du Cap May

Paruline à poitrine baie

Paruline rayée

Paruline de Wilson

Troglodyte à long bec

Grive à carreaux gris

(15 au 26 mai)

Coucou à bec jaune

Coucou à bec noir

Pioui des bois

Bruant indigo

Jaseur de cèdre

Moucherolle à côtés olive

Moucherolle à ventre jaune

Moucherolle des aulnes

Paruline du Kentucky

Paruline du matin

4. *Juin :* La majorité des oiseaux locaux nichent ce mois-ci et les autres se sont dirigés vers des aires de reproduction plus au nord.

5. *Juillet :* Les saisons de reproduction et de chant sont désormais presque terminées. La mue a commencé et les bois et les champs sont calmes sous la chaleur du soleil.

C. TRANSITANTS D'AUTOMNE : Parmi les premiers oiseaux à partir vers le Sud, on peut noter :

1. *Août*

(du 1er au 30 août)

Grand héron bleu

Sora Rail

Moucherolle à côtés de Clive

Paruline à ailes dorées

Paruline du Tennessee

Paruline du Cap May

Paruline magnolia

Paruline à poitrine baie

Paruline noire

Grive aquatique

Paruline triste

Paruline de Wilson

Paruline du Canada

2. *Septembre :* La migration vers le sud se poursuit.

(du 1er au 10 septembre)

Paruline de Nashville

Paruline Parula

Paruline bleue à gorge noire

Paruline rayée

Paruline verte à gorge noire

Paruline du Connecticut

(10 au 30 septembre)

Bécassine de Wilson

Buse à ailes larges

Faucon Pigeon

Bruant à gorge blanche

Paruline des palmiers

Grive à dos olive

Foulque

Bruant des prés

Junco

Moineau de Lincoln

3. *Octobre* : Comme les insectes disparaissent avec l'arrivée du gel, les oiseaux qui ont besoin de cette forme de nourriture aussi disparaissent vers le sud. Ainsi, la météo est principalement responsable de la date à laquelle les espèces restantes partent vers le Sud. Une liste précise est difficilement possible.

BIBLIOGRAPHIE

MANUEL DES OISEAUX DE L'EST DE L'AMÉRIQUE DU NORD : Frank M. Chapman. D. Appleton & Co., New York.

Ce livre est très complet et traite des différentes phases de la vie des oiseaux. C'est un manuel précieux pour les enseignants.

MANUEL DES OISEAUX DE L'OUEST DES ÉTATS-UNIS : Florence Merriam Bailey. Houghton Mifflin Co., Boston.

VIE DES OISEAUX : Frank M. Chapman. D. Appleton & Co., New York.

Édition populaire avec planches colorées pour les enseignants et les enfants.

OISEAUX DU VILLAGE ET DES CHAMPS : Florence Merriam Bailey. Houghton Mifflin Co., Boston. Pour les enseignants et les enfants.

AILES SAUVAGES : HK Job. Houghton Mifflin Co., Boston. Pour les enseignants et les enfants.

PARMI LES OISEAUX AQUATIQUES : HK Job. Houghton Mifflin Co., Boston. Pour les enseignants et les enfants.

OISEAUX DE CENTRAL PARK : Ludlow Griscom . Musée américain d'histoire naturelle. Pour les enseignants et les enfants.

OISEAUX DE LA RÉGION DE NEW YORK : Ludlow Griscom . Musée américain d'histoire naturelle. Pour les enseignants.

OISEAUX DE NEW YORK : (2 volumes). Eaton. Musée de l'État de New York.

Ces gros volumes contiennent des descriptions très complètes. Ils sont illustrés de belles planches en couleurs de Louis Agassiz Fuertes, particulièrement utiles aux enfants.

UN GUIDE DES OISEAUX DE LA NOUVELLE-ANGLETERRE ET DE L'EST DE NEW YORK : Ralph Hoffman. Houghton Mifflin Co., Boston. Pour les enseignants.

LIVRE DE TERRAIN SUR LES OISEAUX SAUVAGES ET LEUR MUSIQUE : F. Schuyler Mathews. Fils du GP Putnam, New York. Pour les enseignants et les élèves.

L'IMPORTANCE DE LA VIE DES OISEAUX : G. Inness Hartley. La Century Company, New York. Pour les enseignants et les élèves.

OISEAUX : Mabel Osgood Wright. Compagnie Macmillan, New York. Pour les enfants.

LA DAME GRISE ET LES OISEAUX : Mabel Osgood Wright. Compagnie Macmillan, New York. Pour les enfants.

QUEL OISEAU EST-CE ? Frank M. Chapman. D. Appleton & Co., New York. Pour les enseignants et les élèves.

OISEAUX AMÉRICAINS PHOTOGRAPHIÉS ET ÉTUDIÉS D'APRÈS NATURE : William L. Finley. Fils Charles Scribner , New York.

OISEAUX UTILES ET LEUR PROTECTION : Edward H. Forbush . Conseil de l'agriculture de l'État du Massachusetts, Boston.

Ce livre contient des illustrations d'insectes nuisibles et des oiseaux qui s'en nourrissent.

COMMENT ÉTUDIER LES OISEAUX : Herbert K. Job. Société d'édition de sortie.

NICHOIRS À OISEAUX ET COMMENT LES CONSTRUIRE : Ned Dearborn. Bulletin des agriculteurs 609, Surintendant . des documents, Government Printing Office, Washington, DC

Attirer les oiseaux à la maison — Bulletin n° 1. Association nationale des sociétés Audubon, New York.

UN MATIN TÔT AVEC LES OISEAUX

« Les oiseaux sauvages changent de saison pendant la nuit.

Et gémissent de nuage en nuage

Dans le long vent.

Un matin d'octobre, j'étais allongé sur le sol damé, attendant avec impatience que le soleil se lève. J'avais dormi ici toute la nuit pour pouvoir voir les oiseaux à l'aube. Trompé par la chaleur de la veille, je n'avais pas apporté assez de couvertures et j'étais donc extrêmement mal à l'aise dans la brise froide.

Au pied de la colline sur laquelle se trouvait mon campement, il y avait un étang alimenté par une source. Barré à une extrémité, il remplissait confortablement le fond d'une petite vallée. De là partait une large plaine de marée herbeuse qui s'éloignait du détroit visible de Long Island. Pour les oiseaux de rivage, cet endroit marécageux était un lieu d'alimentation idéal.

Au-dessus de la surface sombre et immobile du lac flottait un banc de brouillard suspendu à environ vingt pieds de la surface. De plus en plus de vapeur se transformait lentement en un gigantesque champignon.

Alors que j'observais ce manteau vaporeux grandissant, j'ai vu d'abord une forme grise, puis une autre, y passer et disparaître, pour réapparaître à un autre endroit et disparaître dans l'obscurité du rivage bordé de chênes. Au début , je ne pouvais pas imaginer ce qu'étaient ces formes fantomatiques, puis, juste au moment où j'étais sur le point de décider qu'elles étaient le résultat d'un vent bizarre jouant avec des nuages égarés, un « couac , couac , couac » bourru retentit. montèrent l'une puis l'autre des formes jusqu'à ce que l'endroit résonne de cris rauques. J'ai réalisé que le Bihoreau gris faisait sa dernière navigation matinale en vue d'aller se percher dans un arbre voisin pour la journée. Comme la chouette, il préférait la nuit pour ses activités.

Peu à peu, le bruit s'est calmé à mesure que les hérons s'installaient sur diverses branches. La brume au-dessus de l'étang commença à disparaître et les petits nuages informes au loin dans le ciel prirent une suggestion de couleur. Il était maintenant temps de se lever. Dans très peu de temps, les bois seraient remplis d'oiseaux volants et se nourrissant, et le meilleur moment de la journée pour observer les oiseaux serait proche. Pourtant j'avais si froid qu'il était impossible de bouger un membre. Plusieurs fois, sur le côté, un petit Bruant à gorge blanche, à la voix faible, imitait faiblement sa belle chanson printanière et estivale. C'était comme si ses organes vocaux étaient devenus moins souples à cause de la désuétude et de l'exposition au froid.

Quel courageux petit chanteur, même si ses efforts ne sont pas toujours également récompensés. Je pense que c'est en partie ce que Hudson appellerait la « note humaine » qui me plaît tant dans le chant de la Gorge Blanche. Il y a vraiment une qualité intimiste dans la première note soutenue de sa chanson. Mais dans les tonalités finales, hautes et infiniment douces, il y a la suggestion d'un chant trop pur pour être exprimé par tout ce qui est lié à la terre. Nombreuses ont été les chaudes journées d'été où, fatigué et las de mon sac, je m'arrêtais un instant pour me reposer dans une clairière couverte de ronces au milieu des bois profonds, et cette petite voix joyeuse de la forêt de l'oiseau Peabody, venant de façon inattendue d'un endroit invisible. branche, me rafraîchirait autant qu'un verre à une source fraîche. J'attends avec impatience son chant d'une année sur l'autre.

Un chêne blanc massif étendait ses puissantes branches à au moins cent pieds au-dessus de ma tête. C'était un monument vivant majestueux et magnifique d'une nature puissante. Certaines des branches les plus hautes semblaient s'élever et disparaître dans le ciel, tant leur écorce gris pâle se fondait parfaitement dans la lumière du petit matin. Pendant quelque temps , j'ai écouté le doux bruissement du vent parmi ses myriades de feuilles séchées. Puis, très subtilement, du sommet de l'arbre, un son différent est venu, qui s'est imprimé dans ma conscience comme le léger parfum d'un parterre de fleurs lointain s'approchait lentement. Peu à peu, cela augmenta jusqu'à ce que le murmure des feuilles devienne presque inaudible et que l'air se remplisse d'une respiration musicale indescriptible et aiguë. C'était comme si d'innombrables petites créatures conversaient à une grande distance.

Me tournant carrément sur le dos, je ne vis un instant rien dans le milieu feuillu si loin au-dessus. Cependant, à mesure que mes yeux devenaient plus correctement focalisés , ils distinguèrent quelques petits objets à peu près de la même taille. Mes lunettes étaient rangées en toute sécurité dans le talon d'une grande chaussure à portée de main. Oubliant l'air frais, j'ai découvert ma poitrine et mes bras suffisamment longtemps pour sortir les jumelles.

Là, au sommet de l'arbre, j'ai vu une masse mouvante de très petits oiseaux qui volaient d'une brindille à l'autre sans presque aucune pause dans leurs activités. A peine l'un d'eux disparaissait-il qu'un autre volait dans l'arbre et prenait sa place. Le rassemblement tout entier se dirigeait toujours vers le sud. Quelques-uns d' entre eux sont descendus dans les branches inférieures où leur identité a pu être plus facilement déterminée. J'ai réalisé que j'étais témoin de la migration automnale d'un grand groupe de parulines américaines.

Parmi les petits oiseaux les plus remarquables figuraient la femelle et les jeunes Rougequeues, qui sont apparus à plusieurs reprises. Le jaune sur les plumes extérieures de la queue était clairement visible alors qu'ils couraient ici et là après tout insecte qui pourrait se trouver dans les parages. La Paruline myrte, avec ses quatre taches jaunes sur la cime, le croupion et de chaque côté de la poitrine, était très largement représentée à la cime des arbres. La délicate petite Paruline jaune et le Bleu à gorge noire étaient également présents. Quelle multitude ils étaient et quel long et redoutable voyage il leur restait encore à parcourir ! Il serait difficile d'énumérer tous les dangers qui guettent ces petits oiseaux lorsqu'ils volent des kilomètres dans les airs la nuit, et plus particulièrement lorsqu'ils se reposent et se nourrissent près du sol pendant la journée.

Alors même que je regardais, un Petit-duc en maraude planait au-dessus de moi sur ses ailes silencieuses. Instantanément, le gazouillis cessa, pour reprendre après le passage de la chouette sans danger.

Quelles petites créatures occupées étaient ces oiseaux ! Ils fouillèrent chaque feuille et ne laissèrent aucun morceau de nourriture, insecte ou plante, s'échapper. Comme ils savaient bien que les oiseaux qui volent la nuit doivent se régaler le jour. Ils sont restés avec moi pendant environ quinze minutes, puis, aussi progressivement qu'ils étaient arrivés, ils sont partis jusqu'à ce qu'à la fin on n'en voie plus un seul.

Pendant un certain temps , je suis resté là, essayant en vain de me réchauffer après mon exposition à la paruline. Aucun bruit n'était entendu – même le vent était devenu silencieux. Puis, soudain, vint de pas très loin un appel : « Maître, Maître, *Maître* , PROFESSEUR ». Jamais auparavant ni depuis je n'ai entendu « l'oiseau enseignant » s'annoncer aussi tard dans la saison. Il était également en route vers le sud. Ses petits frères, les parulines, se sont installés à la cime des arbres, mais lui, bien que de la même famille, préférait le sol où il pouvait chercher parmi les feuilles des morceaux de nourriture de choix. Cet oiseau est connu sous divers noms. Beaucoup l'appellent « l'oiseau du four », en raison de la structure de son nid, semblable à celle d'un four hollandais ; mais pour moi, il est, comme il l'était pour John Burroughs, « l'oiseau professeur ».

Quand je pars seul dans les bois , j'ai besoin d'une sorte d'« alarme antivol » pour m'avertir de la présence d'étrangers dans le camp les nuits sans vent. J'ai recours à une pratique très ancienne mais efficace. En rassemblant de nombreuses brassées de feuilles sèches et mortes et en les empilant autour de ma tente, je suis à peu près sûr qu'aucun rôdeur ne pourra me surprendre. Je m'étais doté d'une telle alarme lors de cette randonnée nocturne et j'ai été averti par un léger bruissement près de ma tente que j'avais un appelant quelconque. Pendant un instant, j'ai cru que c'était un écureuil gris, mais ensuite la nature du bruit m'a semblé différente et j'ai été perplexe quant à l'identité de mon visiteur.

En un instant, je l'ai découvert. Une petite Grive des bois très belle et bien coupée est venue sautiller devant ma tente. Il avait l'air très froid et, pour cette raison, éveilla immédiatement ma sympathie. Sa tête brune et bien faite était repliée autant que possible entre les omoplates. Il avait si froid qu'il ne cherchait même pas de nourriture, mais sans penser apparemment à la direction, il avançait évidemment juste pour se réchauffer. Cela m'a donné une image mentale de moi-même telle que je serais lorsque je me lèverais. Mon principal objectif serait d'allumer le feu pour me réchauffer ; la nourriture viendrait plus tard.

La Grive a disparu de ma vue sans m'avoir prêté la moindre attention. Je le pensais parti pour toujours ; mais non, au bout d'un instant, il réapparut et, à mon immense plaisir, il se dirigea droit vers la tente, toujours figé.

Du coup, je suis positif, il m'a vu. Sa tête était prise entre les épaules, et chaque partie de l'oiseau semblait instantanément en alerte. Le contraste était saisissant. Il y avait là une créature des plus actives et intelligentes alors qu'auparavant il y en avait une qui avait l'air remarquablement ennuyeuse et stupide.

Lentement et avec la plus grande prudence, il s'avança jusqu'à ce que moins de deux pieds nous séparent. Là, il s'est arrêté et m'a littéralement regardé de haut en bas. Je n'émis pas un bruit ni un mouvement, tant j'avais peur d'effrayer mon hôte. Quelle poitrine blanche et remarquablement nette il avait, et comme les taches rondes et noires dont elle était tachetée étaient distinctes ! Voici le frère forestier du Robin et du Bluebird, là où je pouvais mettre la main sur lui. Après avoir été convaincu que j'étais inoffensif et que je n'étais pas plus intéressant que n'importe lequel des bûches tombées ou des rochers étranges de la forêt, il tourna le dos, plutôt brutalement, et quitta la tente.

C'est alors que je me suis levé et que je me suis mis à faire du feu. Si les oiseaux avaient tellement envie de me les faire voir qu'ils étaient obligés de venir dans ma tente, je ne pourrais plus les refuser. Un petit-déjeuner précipité terminé, je me mis en route dans les bois, verres à la main, à la recherche des oiseaux qui chantaient.

www.ingramcontent.com/pod-product-compliance
Lightning Source LLC
LaVergne TN
LVHW041739190726
843493LV00008B/2422